AF308759

LES

POULETS D'EUGÈNE

ENTRETIENS FAMILIERS

SUR

LES COQS ET LES POULES

Par E. Pergeline.

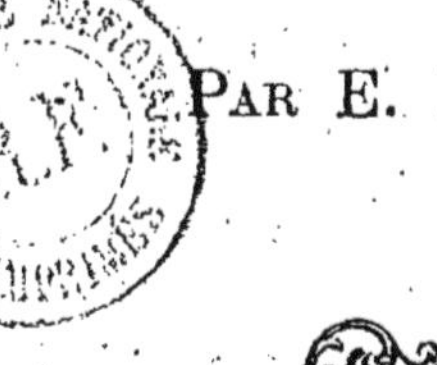

NANTES

G. GUCHET, Libraire-Éditeur

Rue de Strasbourg, n° 26.

—

1887

LES POULETS D'EUGÈNE

Eugène habite la ville, mais il a pour parrain M. Éraud, instituteur à la campagne, chez qui il vient, chaque année, passer la majeure partie des vacances.

Ce jeune citadin aime beaucoup l'histoire naturelle. A l'école qu'il fréquente, il est presque toujours classé parmi les premiers de son cours, quand il y a composition en cette matière.

C'est un des fidèles abonnés de la bibliothèque scolaire. Lorsque ses devoirs sont terminés et ses leçons apprises, vous pouvez être certain qu'il occupera ses moments de loisir par la lecture d'un livre instructif : et, pour lui, les livres les plus attrayants sont ceux qui parlent des animaux et des plantes.

« Que je voudrais bien voir ces animaux et ces plantes en vie, se dit-il en lui-même, car de la sorte, je me rendrais mieux compte de leurs formes, de leurs caractères, de leurs produits. »

Or, quand Eugène est chez son parrain, il peut, jusqu'à un certain point, satisfaire ce désir. Et M. Éraud, qui sait bien que le meilleur enseignement est l'enseignement par les yeux, saisit toutes les occasions favorables pour augmenter le bagage scientifique de son filleul.

Le bon instituteur se plaît à répondre aux questions de l'enfant, à lui faire remarquer ce qui aurait risqué de passer inaperçu pour lui.

De là, entre eux, une suite d'entretiens sur les êtres vivants, les minéraux, les phéno-mènes de la nature.

Parmi ces entretiens nombreux, nous avons essayé de relater dans ce livre ceux qui se rapportent à nos principaux oiseaux de basse-

cour : les coqs majestueux, la poule glous-
sante, le poulet piauleur.

Si tu veux, petit lecteur, lire ce livre tout
entier, il t'apprendra que tous nos animaux
domestiques — même les plus modestes — ne
procurent de profits qu'autant qu'ils sont, de
la part de l'homme, l'objet de soins journaliers
bien compris.

On a trop longtemps ignoré qu'il y a des
règles hygiéniques à suivre pour assurer la
santé et la prospérité des animaux domestiques, comme il y a des règles hygiéniques à
observer pour conserver notre santé, à nous,
maîtres de ces animaux.

Depuis quelques années, l'élevage, sous
toutes ses formes, commence à sortir de la
routine. On finit par comprendre que l'agriculture n'est, en somme, qu'une industrie
semblable aux autres industries ; que pour y
réussir, c'est-à-dire pour produire le plus possible avec le moins de frais qu'il se peut, il
faut savoir beaucoup.

C'est parce que l'instruction fait défaut chez
beaucoup d'agriculteurs qu'ils ne veulent pas

se livrer aux innovations suggérées par la science : la routine seule les conduit.

Puisse ce petit ouvrage venir éclairer ceux qui ont à cœur la prospérité de leur basse-cour !

PREMIER ENTRETIEN

LES ŒUFS

Onze heures sonnent : « A table ! à table ! »

Eugène, qui était dans la cour à jouer avec la petite Angèle, fille de M. Éraud, arrive promptement, car il a grand'faim : l'air de la campagne aiguise si bien l'appétit.

En entrant dans la salle à manger, Eugène voit, sur la table, près de la soupière qui contient le potage fumant, des œufs posés sur un plat.

— Ce sont sans doute vos poules, parrain, qui vous ont fourni ces beaux œufs que je vois là ?

— Oui, mon ami, ce sont elles.

— Que vous êtes heureux, reprit l'enfant, d'avoir toujours à votre disposition des œufs bien frais. Vos poules vous en fournissent-elles tous les jours ?

— Oui, et la preuve que ceux-ci sont bien frais, c'est qu'ils ont été pondus hier et récoltés le soir même.

— Vous ramassez donc, chaque soir, les œufs faits dans la journée ? Moi, j'attendrais qu'il y en eût beaucoup avant de songer à les recueillir, à moins que l'envie ne me prit d'en manger un.

— Eh bien, mon ami, tu aurais tort. Sans parler des œufs cassés par suite du va-et-vient des poules et de leurs mouvements sur les nids, jusqu'à ce qu'elles se trouvent à l'aise, il est une raison capitale qui exige que les œufs soient enlevés chaque soir des pondoirs : c'est à cette seule condition que les œufs peuvent se conserver frais. Je t'expliquerai plus tard pourquoi ces œufs se perdraient facilement, si on les laissait couvrir longtemps par les différentes poules qui prennent place dans le même nid.

— Je ne m'étonne plus à présent pourquoi maman a trouvé des œufs gâtés parmi ceux qu'elle a achetés dernièrement au marché.

— Ces œufs *couvés*, en effet, ont pu rester longtemps dans les nids et se perdre ; comme aussi ce sont peut-être des œufs pondus depuis longtemps et qui ont été mal conservés.

— On peut donc conserver les œufs comme on conserve les pois, les sardines, les homards ?

— Oui, mon ami, je te ferai connaître tout à l'heure comment on s'y prend. Mais auparavant, toi qui es fort en histoire naturelle, pourrais-tu me nommer les différentes parties de l'œuf ?

— Oh! ce n'est pas difficile : la coque, le blanc, le jaune.

— C'est bien cela. Ces trois parties principales de l'œuf sont séparées l'une de l'autre par des voiles très minces appelés des membranes. Si tu veux, nous allons voir de quoi sont composés la coque, le blanc, le jaune. Commençons par la coque. Sais-tu de quoi elle est formée?

— De chaux, mon parrain. Notre maître nous le disait il n'y a pas bien longtemps ; et, à ce sujet, il a fait, devant nous, une petite expérience que je ne suis pas près d'oublier. Il a versé du fort vinaigre sur de petits morceaux de coque d'œuf, et il s'est produit un bouillonnement. Notre maître en a aussi versé sur de la craie qui nous sert à écrire au tableau noir : le même effet a eu lieu ; et M. notre instituteur a ajouté que la coque d'œuf, la craie étaient des pierres... Tiens, je ne me rappelle plus.

— Calcaires, mon enfant, c'est-à-dire formées de chaux et d'un gaz très répandu dans la nature : le gaz ou acide carbonique. Examine à présent ce fragment de coquille ; ne vois-tu pas à la surface un grand nombre de petits trous?

— Si, mon parrain.

1*

— Eh bien ! ces trous, ou pores, permettent à l'air de pénétrer à l'intérieur de l'œuf. Regarde le gros bout de l'œuf que tu tiens à la main ; enlève, à cet endroit, doucement la coquille ; ne vois-tu rien ?

— Je vois que le blanc ne s'applique pas exactement à la coque : il y a entre eux un petit espace vide.

— C'est ce qu'on appelle la chambre à air. C'est là que s'amasse la quantité d'air nécessaire à la respiration du petit poulet pendant le temps de la couvaison. Mais cet air, indispensable au développement du poussin, est aussi la cause de l'altération de l'œuf.

— Dans l'œuf que je tiens là, le vide est tout petit. Il n'y a guère d'air là-dedans.

— En effet, c'est à peine s'il y en a, parce que l'œuf est tout frais. Mais, sous l'action de la chaleur, l'eau qui entre en grande partie dans la composition de l'œuf passe à travers les trous de la coquille, s'évapore et est remplacée par de l'air qui s'accumule vers le gros bout. La chambre à air s'élargit, puis cet air gâte le blanc et le jaune. Aussi n'est-il pas difficile aux marchands qui ont l'habitude de manier des œufs, de s'assurer si ceux qu'on leur vend sont frais. Ils les *mirent*, c'est-à-dire qu'ils les examinent entre l'œil et la lumière en les soutenant entre les deux mains disposées en tuyau. Si l'œuf ne présente pas vers le gros bout une partie translucide trop prononcée, il est supposé frais.

— Comment alors s'y prend-on, parrain, pour empêcher l'eau de l'œuf de s'évaporer, et l'air d'en prendre la place ?

— On a fait bien des essais ; les savants eux-mêmes se sont préoccupés de cette question.

— Les savants s'occuper de cela, quand tous les jours on peut avoir des œufs frais !

— Voilà que tu parles sans réflexion. Tu as déjà oublié les œufs couvés que ta mère était si fâchée d'avoir achetés. Tu oublies aussi que l'œuf est un aliment précieux, et que tout ce qui se rattache à l'alimentation a une importance considérable.

En France, il se consomme chaque année plus de *dix milliards* d'œufs, sans compter ceux que l'on expédie chaque jour en Angleterre. Or, tu sais bien que c'est la campagne qui produit les œufs : ce sont les villes qui en utilisent la plus grande partie. Ainsi, Paris, par exemple, en absorbe annuellement plus de deux cents millions.

Si, grâce aux chemins de fer qui diminuent considérablement les distances, les œufs

peuvent arriver frais sur les différents marchés, il faut reconnaître que ni la vapeur, ni
l'électricité ne peuvent abréger le temps qui
sépare le printemps, époque de la ponte abondante, de l'hiver, saison où les poules sont
presque stériles.

En été, les œufs sont communs et, par
suite, coûtent peu ; en hiver, ils sont rares et
se vendent cher. Si ton père, qui dépense
beaucoup pour élever sa famille, pouvait profiter des recherches des savants pour épargner
sa bourse, n'en serais-tu pas content? Si en
hiver, grâce à ces savants, ta maman pouvait
payer 0 fr. 75, au lieu de 1 fr. 50 la douzaine
de bons œufs, ne trouverais-tu pas raison-
nables leurs essais?

— Mais enfin, parrain, puisque les œufs
sont si chers en hiver, maman ferait mieux de
n'en pas acheter.

— C'est la seconde fois que tu parles étour-
diment. Sache donc bien que si ta mère n'en
achetait plus, d'autres en achèteraient malgré
l'élévation des prix. Et puis, mon cher enfant,
je crois que, d'après la manière expéditive
dont tu viens de faire disparaître les deux
œufs qui t'ont été servis, et les regards de
convoitise que tu adresses au gâteau que
voilà sur le buffet, si ta mère cessait de faire

pendant quelque temps sa provision d'œufs
chaque semaine, comme elle en a l'habitude,
tu lui aurais bientôt dit : « Maman, j'aime
bien les œufs, pourquoi n'en sers-tu plus sur
la table; j'adore les gâteaux, pourquoi n'en
confectionnes-tu plus comme autrefois ? » Et
si elle te répondait : « Les œufs sont trop
chers ! » tu trouverais cette raison bien mauvaise, j'en suis certain.

— Je vois bien que j'ai eu tort de parler
comme je l'ai fait; car, effectivement, j'aime
beaucoup les œufs, de quelque façon qu'ils
soient accommodés, et les gâteaux ne me
déplaisent pas. Mais voudriez-vous me dire,
parrain, si les œufs sont nourrissants ?

— Tout à l'heure, je voulais te faire connaître les différents moyens employés pour
conserver les œufs ; à cause de tes réflexions,
nous nous sommes passablement écartés de ce
sujet, et tu m'adresses encore une nouvelle
question qui... Mais je suis content de voir
ton désir d'apprendre ; questionne, questionne
toujours, je serai heureux de satisfaire ta curio-
sité toutes les fois que faire se pourra.

Je vais essayer de te faire comprendre par
une comparaison la valeur de l'œuf comme
aliment. Le morceau de bœuf que je découpe
en ce moment est composé de maigre et de

gras. Tout le monde sait que le maigre est
la partie essentiellement nourrissante de la
viande. D'après les savants, le blanc d'œuf a
toutes les qualités nutritives du maigre, tandis
que le jaune est en majeure partie composé
de matières grasses. Dans un œuf de poule,
le poids du blanc est environ le double du
poids du jaune. Il en résulte donc que cet œuf
est, dans son ensemble, un aliment presque
aussi réparateur que la viande ; et je ne me
tromperais guère en disant que lorsque tu
manges un œuf, ton estomac digère de la
viande.

Eugène était surpris d'entendre son parrain
parler de la sorte. « Cependant, se disait-il
en lui-même, puisque de l'œuf sort un poulet,
qui est en chair et en os, il faut bien que le
blanc et le jaune qui ont formé ce poulet
possèdent ce qui est nécessaire à la consti-
tution de la chair et des os. »

M. Éraud, voyant qu'Eugène, le nez penché
sur son assiette, avait l'air de réfléchir, lui
demanda s'il n'avait pas encore quelque obser-
vation à présenter. Sur la réponse négative
de l'enfant, l'aimable parrain lui fit connaître,
de la manière suivante, les principaux pro-
cédés employés pour la conservation des œufs :

Si les œufs doivent être employés au bout

de peu de temps, soit pour les manger, soit
pour les mettre sous une poule couveuse, il
suffit de les déposer, dès qu'ils ont été pondus,
dans une boîte contenant du son ou des balles
de céréales, du plâtre ou des cendres. On fait
en sorte de les recouvrir entièrement d'une
de ces différentes matières. Si on a eu soin de
placer la boîte dans un endroit sec et frais,
ces œufs peuvent se conserver pendant un
mois ou deux.

Un autre procédé consiste à plonger les
œufs — toujours frais pondus — dans un lait
de chaux assez épais que l'on prépare en
délayant dans de l'eau de la chaux éteinte, et
auquel on ajoute quelques centièmes de sucre.
De cette façon, les œufs se conservent assez
bien pendant plusieurs mois, mais dès qu'on
les retire de l'eau, ils se gâtent ; il faut avoir
soin de les employer immédiatement.

Enfin, voici un troisième moyen, qui est
assurément le meilleur : Dans le fond d'une
caisse ou d'un large et profond vase de grès,
on répand une couche de sel. Sur cette couche,
on dépose les œufs qui viennent d'être re-
cueillis, en ayant soin de toujours diriger
vers le haut le gros bout de l'œuf. On recouvre
de sel et on continue ainsi en alternant une
couche d'œuf avec une couche de sel, jusqu'à

ce que le récipient soit rempli. On place par dessus un morceau de drap ou de flanelle, débordant tout autour, et on ferme hermétiquement. On dépose le tout dans un endroit privé d'humidité et de chaleur. Six mois après, les œufs sont bien conservés : ils n'ont contracté qu'un léger goût salé qui ne leur ôte rien de leur qualité. »

Eugène ne se lassait pas d'entendre son parrain. Celui-ci avait fini de parler depuis quelques instants déjà, que notre petit ami — curieux comme il convient à son âge — attendait encore quelque chose de nouveau.

Mais le repas étant terminé, tout le monde se leva de table.

Eugène, avant d'aller s'amuser, comme le lui avait recommandé M. Éraud, courut s'enfermer dans la chambrette qu'on avait mise à sa disposition pour le temps des vacances ; et là il s'empressa de résumer sur un cahier ce qui venait de lui être appris. Disons, en terminant, à la louange d'Eugène, qu'il avait la bonne habitude de prendre note, chaque jour, des nouvelles connaissances qu'il acquérait.

DEUXIÈME ENTRETIEN

LA POULE COUVEUSE

M. Eraud possédait une vingtaine de poules et deux beaux coqs. Eugène avait pour mission de récolter chaque soir les œufs pondus dans la journée. — Vous pouvez vous imaginer s'il remplissait cette fonction avec joie.

Les quatre pondoirs, dont était pourvu le poulailler, étaient, je vous assure, soumis à une impitoyable inquisition.

Dès qu'une poule poussait son joyeux « cot cot co dè », et que les deux seigneurs du lieu — je veux nommer messieurs les coqs — y répondaient sur un ton plus bas, de façon à former un trio assez harmonieux, Eugène ne se sentait pas d'aise :

« Encore un de plus à ramasser ce soir », se disait-il en lui-même.

J'eusse voulu que vous le vissiez revenir triomphant, lorsque la récolte avait été bonne :

« Douze, ce soir ! Quinze aujourd'hui ! » criait-il en entrant à la cuisine, et en déposant précieusement son chapeau rempli d'œufs sur la table. Mais quand il parvenait à en recueillir dix-huit, ce qui était rare, vu le petit

nombre de poules, on eût cru qu'il apportait un trésor, tant il paraissait heureux.

Un soir, cependant, il entra à l'office le visage triste, la mine déconfite.

— Qu'as-tu donc, bonhomme, lui demanda Mme Eraud, as-tu fait une omelette en revenant du poulailler?

— Oh! non, Madame, je n'ai pas cassé d'œufs; mais je n'en rapporte que huit que j'ai trouvés dans trois pondoirs; car, dans l'autre, il y a une méchante poule qui n'a pas voulu se retirer quand j'ai été pour prendre les œufs qui sont sous elle. Elle faisait « cloc, cloc »; elle hérissait les plumes de son cou, et voulait me donner des coups de bec. Je vous assure que j'ai eu bien peur, tant elle paraissait en colère : aussi je n'ai pas cherché à la contrarier davantage. Ce qui m'attriste, c'est la maigre récolte que j'ai faite.

— Ne te chagrine pas pour si peu, mon brave, dit M. Eraud, qui entrait en ce moment, et avait entendu les récriminations de l'enfant. Tu vas bientôt ne plus être faché contre la poule qui t'a fait si grand peur : c'est une bonne bête qui veut faire venir au monde de charmants petits poulets.

Ces cloc, cloc répétés, ce hérissement de plumes, ces coups de bec à qui la dérange, sont les preuves certaines qu'une poule a l'intention de couver.

Tu as encore près d'un mois à rester ici, la couvaison dure environ trois semaines, eh bien, je désire de tout mon cœur que tu assistes à l'éclosion des poussins.

Nous allons mettre cette poule à l'essai, c'est-à-dire que nous allons nous assurer si vraiment elle a la rage de couver. C'est ce qu'on devrait toujours faire en pareil cas, il n'y aurait pas tant d'œufs de perdus. Et si d'ici deux jours, elle soutient l'épreuve, je t'installerai gardien et pourvoyeur de la poule couveuse. Mais comme pour réussir en tout métier, il faut en connaître et la théorie et surtout la pratique, je tiens à te mettre au courant de l'une et de l'autre de ta nouvelle charge.

Je n'ai pas besoin de t'apprendre que tous les oiseaux pondent des œufs ; les uns petits, comme le moineau ou le merle ; les autres moyens, comme la poule ou l'oie ; et enfin de très gros, comme l'autruche.

Ces œufs ont la même conformation intérieure, et tous éclosent sous l'action de la chaleur. Ordinairement, c'est la mère qui fournit cette chaleur : pour cela elle construit un nid, y dépose ses œufs, et, la ponte terminée, les couve.

— Tous les oiseaux ne couvent pas leurs œufs, parrain. J'ai lu, quelque part, que l'autruche déposait ses œufs dans le sable, qu'elle ne s'en occupait plus, et que pourtant il en sortait des petits.

— Tu as raison ; mais aussi ai-je dit : ordinairement. Si, dans les déserts d'Afrique, la chaleur du soleil suffit pour faire éclore les œufs d'autruche, il n'en pourrait être de même dans notre pays où le soleil n'est pas assez brûlant, et où, en outre, il est souvent caché par les nuages. Chez nous, tous les oiseaux couvent leurs œufs. Mais on a inventé des appareils qui fournissent une chaleur régulière assez forte pour amener l'éclosion des œufs : c'est ce qu'on appelle des *couveuses artificielles* qui, quelque perfection qu'elles puissent avoir, ne vaudront jamais les *couveuses naturelles*.

— Pourriez-vous me dire, parrain, si les œufs qu'on livre à la couveuse naturelle ou artificielle éclosent tous ?

— Je voulais en arriver là, mais tu es toujours si pressé...

M. Eraud, prenant un œuf dans le chapeau de l'enfant, le cassa et en versa le contenu sur une soucoupe : « Vois-tu cette petite tache blanche sur le jaune ? C'est le germe qui aurait formé le poussin. Mais pour que le germe se développe, il faut que l'œuf soit *fécondé*, et c'est un point très important ; car, dans le cas contraire, c'est-à-dire si l'œuf était *clair*, jamais, au grand jamais il ne donnerait, quelle que fût la constance de la couveuse, naissance à un poulet.

— Alors, parrain, il ne faudra mettre sous ma poule, que des œufs fécondés.

— Tu en parles tout à ton aise, toi ; mais bien fin serait celui qui, à première vue, pût reconnaître les œufs fécondés des œufs clairs. Il n'y a qu'un bon moyen d'avoir le plus possible d'œufs fécondés : c'est de placer un coq à la tête d'une dizaine de poules. Le nombre de poules est-il plus considérable, d'autres coqs sont nécessaires, si l'on ne veut s'exposer à des mécomptes. Ainsi, ma basse-cour qui compte toujours en moyenne une vingtaine de poules, a besoin d'au moins deux coqs. Ces deux intéressants volatiles se jalousent souvent, se battent quelquefois ; mais, en somme ils font assez bon ménage, et je n'ai pas trop à me plaindre de leur service, car mes couvées du printemps n'ont pas mal réussi, comme tu as pu t'en assurer par les nombreux jeunes qui se promènent dans le verger.

— Dans ce que vous m'avez dit tout à

l'heure, parrain, il y a une chose que je ne comprends pas du tout, et je voudrais vous demander comment il se fait que, sous l'action de la chaleur, l'œuf fécondé donne naissance à un poulet.

— Tu me poses là, mon garçon, une question bien embarrassante : c'est un de ces grands secrets de la nature que les hommes ne découvriront jamais. Mais, si les savants n'ont pu établir la relation entre la fécondation et la naissance, ils ont étudié les phénomènes qui s'y rattachent, et je puis te les faire connaître :

Dès que l'œuf est placé dans des conditions de chaleur favorables à son développement, on voit apparaître sur le germe de petites lignes rouges, qui sont les rudiments du cœur; puis ces lignes s'étendent, pénètrent dans le blanc et dans le jaune, et vont y puiser les matériaux nécessaires à la formation du petit être. Alors la tête se forme, puis les membres. Le blanc et le jaune diminuent à mesure que l'animal se développe, et — le moment de l'éclosion arrivé — l'oiseau, entièrement formé, perce avec son bec la coquille et sort.

— Comme c'est intéressant ce développement du poussin! qui aurait jamais supposé cela ? pas moi, bien sûr !

— Ce que tu viens d'apprendre là, c'est de la théorie. C'est intéressant, sans doute, car il est bon de savoir toutes choses ; mais n'ignore pas que, dans tout métier, la pratique est essentielle. Parlons donc un peu des soins à donner aux couveuses ; ce ne sera pas long. Viens avec moi dans le poulailler, je t'expliquerai cela avant le souper.

Lorsqu'ils furent rendus là, M. Eraud prit doucement la poule qui était restée sur le nid, et pria Eugène d'enlever les œufs du pondoir. Cela fait, il alla chercher dans un coin quelques œufs déposés dans un panier, arrangea la paille du nid, y mit ces œufs, et fit reprendre à la poule la place qu'elle occupait.

Alors il ferma de son couvercle le pondoir qui n'était autre chose qu'un panier d'osier grossier, de forme arrondie par le fond, et plaça par dessus un morceau d'étoffe de laine grossière.

Eugène regardait tout étonné.

— Tu vas bientôt comprendre ce que je viens de faire, lui dit M. Eraud. Les œufs que j'ai déposés sous la poule sont des œufs clairs (1) non éclos lors des dernières couvées.

---

(1) Les œufs clairs ont la propriété de se conserver longtemps sans se gâter ; il n'en est pas de même des œufs fécondés, qui entrent promptement en putréfaction. (V. chapitre précédent.)

J'en conserve toujours ainsi quelques-uns pour me servir *d'œufs d'essai*, c'est-à-dire pour m'assurer si les poules ont véritablement l'intention de couver. Si, après demain, la poule a l'air bien attachée à son nid, je les remplacerai par des œufs frais.

Quant au morceau d'étoffe dont j'ai entouré le pondoir, il sert à produire une demi-obscurité qui plaît aux couveuses. Le silence leur est nécessaire pour couver dans de bonnes conditions : dans les exploitations importantes un local spécial leur est destiné, et on n'y pénètre qu'au moment des repas.

Je tiens, ajouta M. Eraud, à ce que tu t'occupes seul de *ta couveuse*. Je vais te donner, à ce sujet, quelques conseils que tu n'auras qu'à suivre ; et, comme toute peine mérite salaire, eh bien ! les poulets qui naîtront t'appartiendront. Après ton départ, je les soignerai ; et quand ils seront grands, j'en enverrai un chaque semaine à ta mère, jusqu'à ce qu'ils soient tous sacrifiés.

Eugène était enchanté. Jugez donc : « Petite mère sera-t-elle bien aise de recevoir pour rien des poulets, et cela grâce à son fils. »

Donc, continua M. Éraud, si ta couveuse montre de bonnes dispositions, nous mettrons sous elle quinze œufs des derniers pondus.

— Quinze œufs seulement, parrain, vingt
ne seraient pas de trop.

— Si fait, mon ami. Notre bon La Fontaine
a dit : On hasarde de perdre en voulant trop
gagner. Sa maxime s'applique fort bien au
cas qui nous occupe. Si l'on veut donner trop
d'œufs à une poule, elle ne peut tous les couvrir ; ils ne se réchauffent pas et dès lors
n'arrivent pas à éclosion. Pour une poule de
forte taille, quinze à seize œufs suffisent ; on
ne peut confier plus de douze œufs à une
poule de petite taille.

Voici à présent ce qui te regarde person-
nellement :

Tous les jours tu enlèveras doucement la
poule de son nid, comme tu m'as vu le faire
tout à l'heure, et tu la porteras dans la mue
que tu vois là-bas. Tu lui donneras là à
manger et à boire. Comme nourriture, du blé
noir, tu sais où se trouve le sac, et un peu de
verdure que tu hacheras.

Pendant le repas de ta couveuse, tu exami-
neras le nid ; si un œuf était cassé — ce qui
arrive fréquemment — tu enlèverais les frag-
ments de coque et tu remplacerais la paille
souillée. S'il ne se présente rien de fâcheux,
contente-toi de ramener la paille sous les

œufs et de recouvrir ceux-ci du morceau de lainage pendant toute la durée du repas.

Chaque fois que tu sortiras la couveuse de la mue pour la remettre au nid, assure-toi si elle a les pattes propres, sinon tu les essuierais avec un chiffon.

Enfin, dernière recommandation : ne laisse jamais pénétrer une poule étrangère dans le nid de la couveuse.

— Merci de vos conseils, cher parrain, je vais les suivre si fidèlement que, dans trois semaines, bien sûr, j'aurai de gentils petits poulets.

TROISIÈME ENTRETIEN

LES POUSSINS

Depuis dix-neuf jours, Eugène, fidèle à ses promesses, prodigue ses soins à sa poule couveuse.

Le grand moment approche : l'heure va sonner où Eugène recueillera le fruit de ses peines. Il se croit presque le père des quinze petits êtres qui doivent éclore. Quelle joie de les admirer !

Le vingtième jour, au matin, Eugène, en enlevant, comme d'habitude, la poule du nid, s'aperçoit que quelques œufs ont la coquille percée. Le cœur lui bat bien fort.

Après avoir soigné promptement la couveuse, qu'il replace sur les œufs, il court annoncer à M. Éraud la grande nouvelle :

—Parrain, parrain, les poulets sont formés ; ils ont percé leur enveloppe ; ils vont sortir. Ah ! quel bonheur ! Je ne vais pas les quitter de la journée ; je vais soulever la poule souvent pour voir ; et, au fur et à mesure qu'un petit sera débarrassé de sa coque, je le prendrai tout doucement et je le déposerai dans un panier rempli de plume, pour qu'il n'ait plus froid.

— Mon ami, il faudra tout juste faire le contraire de ce que tu viens de dire. Tu ne resteras pas auprès du nid ; tu ne soulèveras pas à chaque instant ta poule ; tu ne dérangeras pas tes poulets ; tu ne les déposeras pas dans un panier rempli de plume.

Je comprends aisément ton impatience ; mais pour aujourd'hui et demain, il faut du calme. Tu vas continuer à soigner ta poule comme par le passé, et rien de plus. Seulement, lorsque tu enlèveras la couveuse du nid, tu auras soin de lui ouvrir les ailes, car des poussins pourraient y être cachés, qui se blesseraient en tombant, et tu retireras les coquilles qui pourraient gêner les mouvements des poulets éclos.

Garde-toi bien de chercher à élargir, comme certaines ménagères en ont l'habitude, le trou percé par le bec du jeune oiseau. Souvent les accidents qui surviennent aux poussins proviennent des soins intempestifs qu'on veut leur donner en ce moment-là.

Laissons ici agir la nature : la mère s'entend mieux que nous dans ce travail de l'éclosion. Les innombrables femelles qui couvent leurs petits n'ont que faire des soins de l'homme.

Et s'il n'y avait pas tant de nids détruits par les méchants gamins qui souvent ignorent la mauvaise action qu'ils commettent, les oiseaux se multiplieraient d'une façon prodigieuse.

Les oiseaux domestiques, il est vrai, ont un peu perdu de leur naturel; mais s'ils étaient quelque temps abandonnés à eux-mêmes, ils retrouveraient bientôt leurs habitudes originelles et se passeraient parfaitement de nos soins.

Tu vas en avoir une preuve :

Une de nos poules avait disparu. Je la cherchai dans le verger, dans le petit bois qui se trouve à quelques pas de notre maison : toutes mes recherches furent inutiles. Le renard l'aura mangée, pensais-je, et je ne m'en inquiétai plus. Or, environ un mois après, un jour que j'étais assis à lire dans le bois voisin, j'entends des « cloc cloc » accompagnés de piaulements. Je me lève doucement, et qu'est-ce que j'aperçois ? Une poule grattant le sol et quinze gentils poulets picorant autour d'elle.

C'était la réfractaire que je retrouvais, entourée d'une nombreuse famille. Comment avait-elle fait pour se trouver là ? Je suppose que chaque jour elle volait par dessus la haie du verger, qu'elle allait pondre dans le bois et que, sa ponte terminée, elle avait couvé les œufs qu'elle avait pondus.

Les poussins étaient, ma foi, superbes. Tu vois que, sans nos soins et suivant son seul instinct naturel, cette poule avait mené à bonne fin une magnifique couvée.

Eugène se soumit un peu à contre-cœur aux recommandations de son parrain.

Deux jours après, douze poulets étaient éclos ; mais trois œufs ne donnaient aucun indice de vie intérieure.

L'enfant se désolait : ces œufs, bien sûr, n'écloraient pas, ils devaient être clairs ; c'étaient trois poulets de perdus pour sa maison, à lui : trois poulets, une fortune !

M. Éraud essaya de le consoler : « Ce sont, lui dit-il, des mécomptes auxquels il faut s'attendre. Dans les grandes exploitations, on s'en doute tellement bien, qu'il est rare qu'on ne mette qu'une seule poule à couver : si quelques poulets seulement éclosaient, ce serait occuper une poule peu avantageusement.

On attend qu'il y en ait plusieurs qui veuillent couver ; le même jour, on leur confie des œufs, pour que l'éclosion ait lieu à peu près en même temps ; puis on répartit les poulets éclos entre un certain nombre de poules, de façon à donner à chacune une quinzaine de poulets à conduire.

Les poules couveuses inoccupées sont placées dans l'obscurité ; au bout de quelques jours, elles ont oublié leur couvée : on les remet à la basse-cour.

— Je n'aurai donc que douze poulets, dit l'enfant ; mais je vois bien que cela ne sert à rien de se désoler, il faut en prendre son parti.

— Et les soigner mieux encore que s'il y en avait quinze, ajouta le parrain. Tes poulets, tels qu'ils sont, ne sont guère propres à être mis à la broche ; et, s'il ne faut pas vendre la peau de l'ours avant d'avoir tué la bête, il ne faut pas non plus se régaler d'un poulet au moment où il sort de l'œuf. Ce serait trop compter sans les accidents et les maladies qui assaillent trop souvent ces êtres délicats. Mais on peut jusqu'à un certain point éviter ces dangers par des soins intelligents.

La mère et ses petits doivent être isolés de la basse-cour, autrement les poussins seraient exposés aux rebuffades des adultes et n'attraperaient que peu de nourriture.

Si on dispose d'un endroit clos, sec et pourvu de gazon, c'est là qu'il convient de placer les jeunes couvées. Ici, le verger nous sert à cet usage. Quand les couvées y sont, je ne permets plus aux volailles plus âgées d'y entrer.

Après l'éclosion, les poussins n'ont d'abord besoin que de peu de nourriture, ils demandent surtout de la chaleur.

Cependant, il ne faut pas craindre de leur servir des repas fréquents, pour empêcher la mère, qui dévore presque toute la pitance, d'aller à la recherche d'aliments, entraînant après elle les pauvres petits qui piaulent pour se plaindre de ces marches forcées, et pour demander de la chaleur.

Le pain blanc émietté, le millet blanc, sont les aliments les plus convenables pendant les premiers jours, parce que le bec n'a pas assez de consistance pour saisir et le gésier n'est pas assez résistant pour digérer les grains de froment ou de blé noir.

Mais au bout d'une dizaine de jours, on peut commencer à donner ces grains concassés, ainsi que des pâtées de son et de pommes de terre cuites, dont ils sont très friands.

On doit, à tous les repas, ajouter une ration de verdure — salade, oseille, etc., — finement hachée pour rafraîchir les poulets, jusqu'à ce qu'ils soient aptes à paître l'herbe de l'enclos ou à déchirer avec le bec les feuilles de choux ou autres qu'on leur présente.

Plus tard, on leur fournit — à part — la même nourriture qu'aux poules, jusqu'au moment où, étant assez forts pour résister aux attaques des volailles, ils puissent faire partie de la basse-cour proprement dite.

Je n'ai pas parlé du boire des poulets, je m'empresse de réparer cet oubli. On croit généralement qu'une eau quelconque convient aux poulets, à la volaille en général. C'est une grave erreur. Cette eau doit toujours être de bonne qualité, et ne jamais manquer. Le vase qui la contient doit être nettoyé souvent; il doit être un peu profond, afin que les poulets puissent y boire facilement et ne s'y noient pas.

En résumé, pour réussir dans l'élevage des poulets, il est de la plus grande importance de leur fournir une nourriture substantielle, abondante et appropriée à l'âge; de toujours tenir à leur disposition une eau souvent renouvelée; de ne les laisser jamais manquer de verdure, et de tenir avec une excessive propreté, l'enclos et le logement qui leur sont réservés.

QUATRIÈME ENTRETIEN

COQS ET POULES

« C'est bien ennuyeux, tout de même, la ville : on ne peut y avoir ni poules, ni poulets ; on n'y entend point comme ici, en s'éveillant, le chant sonore du coq, auquel d'autres chants répondent à l'infini.

» Le matin, là-bas, on voudrait dormir, et on ne peut pas, à cause du bruit des roues sur le pavé ; ici, on ne demande qu'à se lever de bonne heure et on y réussit très bien, car tout nous y invite. Quand je serai grand, il faudra que je devienne instituteur comme parrain, alors j'habiterai la campagne, et j'aurai comme lui une basse-cour.

« Oh ! les poules, les coqs, les poulets, en voilà des animaux que j'aime ! Il faut que je demande à parrain de nouveaux renseignements à leur sujet. Il m'a bien parlé des œufs, des poussins, mais ça ne suffit pas ; il ne m'a rien dit, ou presque rien, de la poule, de celle qui pond, et de son maître le coq. Je tiens à savoir quelque chose d'eux, car plus tard, j'élèverai aussi moi des volailles, c'est entendu. »

Tel est le monologue auquel se livrait, à cinq heures du matin, notre ami Eugène, à peine éveillé d'un somme ininterrompu depuis la veille, et pendant lequel il avait constamment rêvé de poules et de coqs.

Quand il eut prononcé son « c'est entendu, » il ne put retenir un gros soupir : « Et dire que les vacances touchent à leur fin, et que dans trois ou quatre jours il faudra partir : maudite ville, délicieuse campagne ! »

Après le déjeuner, Eugène fit part de ses rêveries à M. Eraud. Il enchevêtra si bien ses phrases ; les mots campagne, poules, ville, instituteur, coqs, poussins, etc., revinrent si souvent sur ses lèvres, que le parrain ne put rien comprendre au discours de l'enfant.

— En fin de compte, que veux-tu ?

— Être instituteur.

— Et pourquoi cette envie, filleul ?

— Parce que j'élèverai des poulets.

— Si c'est là tout ton but, tes écoliers que deviendront-ils ! dit en riant M. Eraud ; ils feront, je suppose, des progrès étonnants ?

— Oh ! mais, parrain, je me comprends bien : je ferai comme vous ; après ma classe et les jours de congé, je m'occuperai de volailles, et ça ne m'empêchera pas de bien diriger mes élèves.

— Je ne vois pas d'inconvénient à ce que tu sois plus tard instituteur, si tu as une vocation décidée pour l'enseignement; mais non si tu as pour but principal l'élevage des poulets. D'ailleurs, il est bon de te dire, mon ami, que tous les instituteurs n'ont pas les mêmes avantages que moi sous ce dernier rapport; car bien peu, parmi eux, ont un verger enclos et un champ, en outre du jardin qui se trouve annexé à l'école.

— Ça ne fait rien, parrain, je voudrais bien, avant de vous quitter, vous entendre me parler encore des poules et des coqs.

— Ta demande tombe à merveille. J'avais l'intention, avant ton départ, d'achever l'étude que nous avons commencée sur nos plus utiles oiseaux de basse-cour; par conséquent, ton désir sera satisfait. Viens avec moi t'asseoir dans le verger, nous causerons là tout à l'aise.

Lorsqu'ils furent rendus, M. Eraud commença en ces termes :

— Je ne tiens pas à te faire aujourd'hui une description détaillée du coq et de la poule, ce serait inutile. Il te suffit de savoir que ces animaux appartiennent à l'ordre des *gallinacées*, groupe intéressant qui renferme beaucoup d'espèces utiles : les dindons, les pintades, les faisans, les paons, parmi les oiseaux

domestiqués; les perdrix, les cailles, etc.,
parmi les oiseaux sauvages.

Tous ces oiseaux ont le corps épais, les ailes
courtes, peu appropriées au vol. Chez ces espèces, le plumage du mâle est plus brillant que
celui de la femelle. Tu n'as qu'à regarder ce
coq majestueux, avec ses plumes d'un vert
doré qui se relèvent en panache à la queue;
cela suffirait à le distinguer de la poule, s'il
n'avait en même temps une grande crête rouge
sur la tête, et au-dessous du bec deux morceaux de chair, de même couleur que la crête,
et qu'on nomme les *barbillons*.

Depuis que tu es ici, tu as pu juger du caractère de mes deux coqs, fais-moi part de tes
impressions.

— Je les ai souvent vus se battre. Surtout
quand l'un approchait trop près d'une poule :
l'autre se précipitait sur lui et le combat s'en-
gageait. Bien des fois, je les ai séparés, car
leurs pauvres crêtes étaient percées de coups
de bec, et malgré le sang qui les aveuglait, ils
s'acharnaient l'un sur l'autre.

— En effet, le coq est fort batailleur; c'est
pourquoi nos vieux pères les Gaulois, qui
aimaient beaucoup la guerre, avaient choisi le
coq comme l'emblème du courage.

Voici d'ailleurs le portrait que nous a fait de

cet oiseau peu endurant, notre grand natura-
liste Buffon :

« Le coq a beaucoup de soins et même d'in-
quiétude pour ses poules ; il ne les perd guère
de vue ; il les conduit, les défend, les menace,
va chercher celles qui s'écartent, les ramène,
et ne se livre au plaisir de manger que lorsqu'il les voit toutes manger autour de lui.
A juger par les différentes inflexions de sa voix,
et par les différentes expressions de sa mine,
on ne peut guère douter qu'il ne leur parle
différents langages. Quand il les perd, il
donne des signes de regret. Quoique aussi
jaloux qu'amoureux, il n'en maltraite aucune :
sa jalousie ne l'irrite que contre les concur-
rents. S'il se présente un autre coq, sans lui
donner le temps de rien entreprendre, il ac-
court l'œil en feu, les plumes hérissées, se
jette sur son rival et lui livre un combat opi-
niâtre, jusqu'à ce que l'un ou l'autre succombe
ou que le nouveau venu lui cède le champ de
bataille. »

La poule, ajouta M. Eraud, a un caractère
plus pacifique. Elle ne se montre intraitable
que lorsqu'elle conduit sa couvée : alors, elle
ne vit que pour ses poussins ; elle ne craint
rien, et elle résiste à des animaux beaucoup
plus forts qu'elle, tels que chiens, chats, etc.,

qui la font fuir habituellement, si elle suppose qu'il y a danger pour ses petits.

Un coq peut conserver sa vigueur pendant trois ou quatre ans. Mais il est utile de lui donner un successeur avant ce temps, de crainte que son énergie décroissante ne favorise la ponte des œufs *clairs*, c'est-à-dire non fécondés.

De même, une poule, à quelque race qu'elle appartienne, ne donne une ponte convenable que pendant trois années. Il est donc de tout intérêt de sacrifier les poules et les coqs qui atteignent leur quatrième année, car alors ils coûteraient sans produire, et leur chair, qui commence à être passablement coriace, finirait par ne plus être mangeable.

Une poule, bonne pondeuse, peut fournir en moyenne de 100 à 120 œufs par an. Cependant on ne peut établir de chiffres exacts, car la valeur de la ponte varie selon les espèces et aussi selon les individus d'une même espèce.

On possède en France quatre races principales de poules :

1° La *race de Crèvecœur*, dont le corps est très volumineux, le plumage d'un beau noir lustré, avec une hupe de même couleur ; la chair en est abondante et très délicate. La ponte est médiocre, mais les œufs sont très beaux.

Cette race produit les plus excellentes volailles qui paraissent sur le marché de Paris. Les poulets s'engraissent facilement, et peuvent être mangés dès qu'ils ont atteint deux ou trois mois.

C'est surtout la Normandie qui fait l'élevage en grand de cette race.

2° La *race de Houdan*, qui n'est qu'une ramification du Crèvecœur. Plumage tacheté de noir, de blanc et de jaune-paille, avec une demi-huppe ; corps un peu bas posé sur des pattes solides, possédant chacune cinq doigts. Cette race est la plus estimée des environs de Paris, tant sous le rapport de la finesse de la chair, que sous celui de la précocité et de la fécondité qui sont admirables. On a beaucoup cherché à acclimater le Houdan sur les divers points de la France, mais il ne réussit bien qu'à son lieu d'origine et dans les environs. (Seine-et-Oise).

3° La *race de la Flèche* est une espèce particulière au département de la Sarthe. Les individus de cette race sont vendus le plus souvent, après engraissement, sous le nom de poulardes du Mans. Le plumage en est tout noir, à l'exception de quelques plumes blanches sur la tête. Le coq est d'une taille élevée. La poule, très bonne pondeuse, est une couveuse

à peu près nulle : aussi est-on obligé de faire
couver par d'autres poules les œufs de cette
race.

4° La *race commune*, la plus répandue, est
de grosseur moyenne. Sa chair est moins délicate que celle des trois espèces précédentes,
mais, en revanche, sa ponte l'emporte sur celle
des races précitées. La race commune n'a pas
de plumage caractérisé, vu que, par les nombreux croisements, il se modifie sans cesse.
Les individus de cette race, à plumage noir,
sont plus recherchés que leurs congénères sur
les marchés : leur chair est réputée plus délicate, et leur fécondité plus grande.

A ces quatre races principales, on pourrait
ajouter d'autres espèces françaises ; mais ces
dernières, qui ne sont que des dérivations des
espèces spéciales, n'ont pas les caractères
assez tranchés pour mériter sérieusement de
former des groupes particuliers ; telles sont les
espèces de Bresse, de Rennes, de Caux, etc.

Enfin, depuis peu d'années, on a introduit
en France deux races étrangères qui s'y sont
parfaitement acclimatées : les *races cochin-
chinoises* et *Bramapoutra*, dont le corps est
d'un volume et d'un poids considérables, et
dont la ponte est au-dessus de tout éloge.
Comme couveuses, ces races sont uniques en

leur genre : l'hiver comme l'été, elles couvent ;
et cette qualité précieuse les rend indispen-
sables dans l'élevage en grand, où, avec elles,
on a sous la main des poules toujours prêtes à
prendre le nid.

CINQUIÈME ENTRETIEN

ALIMENTATION DES VOLAILLES ADULTES

Notre jeune ami entourait ses poulets des soins les plus tendres, et surtout ne les laissait pas jeûner.

Un matin qu'il était tout occupé à répandre autour de lui des miettes que les jeunes poulets s'empressaient de saisir, son parrain, lui passant la main sur l'épaule, lui dit :

— Eh ! garçon, il faudra bientôt les abandonner ces chers poulets.

L'enfant fit une moue significative.

— Oh ! mais ne crains rien ; si tu les quittes petits, tu les reverras tout grands. — Chose promise, chose due. — C'est nous qui, après ton départ, te remplacerons auprès d'eux. J'espère que s'il n'arrive pas d'accidents, tu n'auras pas à te plaindre de nos soins, et que ces chétives petites bêtes arriveront chez toi à l'état de volailles bien grasses.

— Comme celles qui sont dans la basse-cour, n'est-ce pas, parrain ?

— Je puis t'assurer qu'elles seront mieux encore.

— Que leur ferez-vous donc alors ?

— Tu le sauras bientôt. En attendant, veux-tu me dire si dans tes promenades dans les environs tu as trouvé les volailles qui courent par-ci par-là plus belles que les miennes ?

— Bien sûr non, dit Eugène, avec un accent tellement sincère, qu'il n'y avait pas à s'y tromper.

— En te posant cette question, enfant, je m'attendais à ta réponse ; mes poules, en effet, quoique captives, sont les plus belles du village. Si elles n'ont qu'une liberté limitée, en revanche, elles ne manquent, comme tu le sais bien, ni de nourriture, ni de soins ; tandis que généralement, dans nos campagnes, la meilleure manière de nourrir les volailles, c'est de ne pas les nourrir du tout. Pauvres bêtes, il leur faut alors, du matin au soir, gratter le sol pour y chercher des vers et des insectes, sinon elles mourraient presque de faim. « Les poules, dit-on, ne sont pas dignes qu'on s'occupe d'elles. » Ceux qui parlent de la sorte ne comprennent pas leurs intérêts, car la poule bien soignée paie largement, par ses œufs et sa chair, les soins dont on l'entoure.

Dans notre entretien sur les poulets, je t'ai dit, je crois, que ceux-ci ne doivent être admis dans la basse-cour proprement dite que lorsqu'ils sont assez forts pour résister aux attaques des volailles adultes, sinon ils risqueraient d'être maltraités et d'être privés de la part de nourriture qui leur revient.

Supposons donc tes poulets arrivés à cet âge. Nous allons examiner ensemble les soins qui leur conviennent alors.

Te rappelles-tu ton étonnement de l'autre jour à propos des grains de sable que tu vis dans l'estomac, ou plutôt dans le *gésier* du coq que Mme Éraud était en train de vider? Si j'avais eu en ce moment-là le loisir de t'expliquer la chose, je t'aurais dit que l'estomac des poules et coqs est doué d'une activité prodigieuse, et que la nature a agi ici, comme toujours, avec une prévoyance admirable. La poule, dont le vol est peu soutenu, est destinée à chercher à terre sa nourriture, et dans un espace tout à fait restreint. Il lui faut donc, dans cet espace, trouver une nourriture abondante pour elle et sa couvée. Aussi la poule est-elle omnivore : les vers, les insectes, la viande, les fruits, les graines, tout lui convient; elle avale tout avec une voracité étonnante.

Mais si elle ne mangeait que des vers ou des aliments peu consistants, elle dépérirait; les contractions de son estomac demandent à écraser quelque chose de plus résistant : c'est pourquoi elle avale des grains de sable, et ceux-ci, à leur tour, viennent en aide à l'estomac pour broyer les grains ou autres aliments solides qui doivent être digérés.

Les poules qui vivent enfermées dans les cours de fermes et celles qui courent la campagne, trouvent souvent quelque chose à leur portée : un grain d'avoine ici, un vers là, un insecte ailleurs. Le tas de fumier, l'étable des bêtes à cornes, l'écurie du cheval, le refuge du porc sont largement mis à contribution ; mais cela ne suffit pas. Il convient donc de donner à ces volailles deux repas réguliers, l'un le matin, l'autre le soir, composés de grains mélangés : froment, blé noir et avoine, en parties égales. Quant à la verdure, les poules en liberté en trouvent suffisamment ; cependant il serait bon d'ajouter de temps en temps à leurs repas une ration de légumes cuits.

Tous les grains peuvent servir d'aliments aux poules. Cependant on doit être économe d'avoine qui rend la chair des volailles coriaces ; toutefois il est bon d'en forcer la dose lorsque les poules pondent ou lorsque le temps est pluvieux ou froid, car cette graine est très échauffante.

Quant aux poules parquées, il est bien cer-

tain que la quantité de nourriture à leur
fournir chaque jour doit être plus abondante
que pour les poules libres. Trois repas réguliers, au lieu de deux, et variété très grande
dans le choix des aliments : grains divers,
pâtées, etc.

Ce qui ne doit surtout jamais manquer aux
poules captives, c'est la verdure ; des légumes
soit crus, soit cuits doivent leur être largement distribués, sinon elles dépériraient, en
dépit de tous les soins possibles.

Il est bien entendu que l'eau destinée aux
volailles doit être souvent renouvelée, ainsi
que je te l'ai déjà dit en t'entretenant des
poussins.

Je ne parle pas de la viande ou des vers
que quelques éleveurs recommandent de distribuer chaque jour aux poules, sous prétexte
d'économie. Laissons-les se contenter de ce
qu'elles trouvent sous ce rapport, et n'es-
sayons point de leur en fournir nous-mêmes, car
elles finiraient par prendre trop en goût cette
nourriture et dédaigneraient les autres aliments.

En résumé : régularité dans les repas,
abondance de nourriture, diversité d'aliments,
tels sont les trois points principaux à observer
si l'on veut voir profiter les volailles.

SIXIÈME ENTRETIEN

Eugène qui avait, contre son habitude, écouté si longuement sans prononcer une parole, dit à M. Eraud :

— Tous les soins dont vous venez de parler, je les ai vu donner à vos volailles depuis que je suis chez vous ; mais je suppose que si vous ne faites rien de plus pour mes poulets, ils ne deviendront pas plus beaux que les autres oiseaux de votre basse-cour, contrairement à ce que vous m'aviez promis.

— Attends un peu, petit impatient. A peine ai-je cessé de causer que tu crois que je n'ai plus rien à dire : c'est tout au plus si, avec toi, on a le temps de respirer. Je me rappelle bien t'avoir promis de jolies volailles grasses à point ; s'il n'arrive pas d'accidents, tu verras que je tiendrai parole.

— De quelle façon, parrain, deviendront-ils si gras ?

— Mais par l'engraissement, mon ami.

— Ah ! voici quelque chose de bien nouveau pour moi. Je savais qu'on engraissait les porcs et les bœufs, mais j'ignorais complétement qu'on engraissait aussi les volailles. Comment est-ce donc qu'on s'y prend ?

— De plusieurs manières ; la plus naturelle est celle dont je t'ai entretenu tout à l'heure : une nourriture abondante et variée donnée régulièrement à des oiseaux libres ou parqués ; mais ce n'est pas la meilleure, car une grande partie des aliments, au lieu de se transformer en graisse, tourne au développement de la chair, des os et des muscles.

La seconde méthode, celle que j'emploie quelquefois quand je veux avoir à présenter un poulet capable de faire honneur à ma table, et que je vais suivre pour tes poulets, est celle qui est en usage pour l'engraissement des célèbres poulardes du Mans, et voici en quoi elle consiste :

Dans un lieu à demi obscur, — la cave ou le cellier, s'ils ne sont pas trop humides, sont très propres à cet effet — on place des cages nommées mues ou épinettes, divisées en autant de compartiments qu'on y veut placer de volailles : supposons une cage à dix places, elle pourra contenir dix volailles.

Deux fois par jour, on prépare des pâtons de la grosseur et de la longueur du doigt, faits de farine d'orge ou de maïs pétrie avec de l'eau ou du lait.

Quand les pâtons sont tout prêts, on prend une volaille entre les genoux ; de la main gauche, on lui tire légèrement la peau de la tête de façon à lui faire ouvrir le bec, et de la main droite on introduit dans la gorge de la bête des pâtons facilement avalés, jusqu'à ce qu'on trouve que le jabot soit suffisamment rempli.

Enfin, la troisième méthode diffère de la précédente en ce que, au lieu de donner aux volailles la nourriture avec la main, on introduit les pâtées à demi liquides destinées à favoriser l'engraissement, à l'aide d'un entonnoir — ce qui, entre nous soit dit, doit faire passablement souffrir les pauvres bêtes.

— Cette grande cage avec des barreaux, devant lesquels se trouve une longue boîte étroite, que j'ai vue chez un de vos voisins, c'est donc pour engraisser les poulets ?

— Oui, c'est dans des cages ou mues semblables non divisées en compartiments séparés que par ici on engraisse, on plutôt qu'on cherche à engraisser les volailles. Mais, de tous les systèmes, c'est le plus mauvais. En effet, si la nourriture versée dans la boîte n'est pas mangée immédiatement, elle s'aigrit facilement, et elle donne aux poules la diarrhée, qui met obstacle à leur engraissement ; d'autre part, si après chaque repas, les boîtes sont nettoyées, une partie de la nourriture est perdue, ce qui augmente le prix de revient des poules.

Enfin, il arrive parfois que les barreaux de ces sortes de cages, où un certain nombre de volailles sont souvent entassées pêle-mêle, ne sont pas tenus dans un état de propreté convenable ; et les pauvres victimes qui s'y trouvent confinées contractent des maladies de pattes qui retardent encore leur engraissement.

— Voilà bien des fois, cher parrain, que je vous entends prononcer les vilains mots d'accident, de maladie : je ne croyais pas, moi, que les poules pussent être malades.

— Tout ce qui vit, mon ami, est sujet aux souffrances et destiné à mourir. Plantes et animaux sont exposés à des maladies qui retardent leur développement ou les font périr. Et comme, parmi les plantes et les animaux, les espèces domestiques sont plus fréquemment attaquées par le mal que les espèces sauvages, il importe à l'homme de prendre toutes ses précautions pour les préserver des affections qui pourraient les atteindre.

La meilleure manière d'entretenir une bonne santé parmi les habitants de la basse-cour, c'est de tenir leur demeure avec une propreté excessive, et, comme j'ai déjà appuyé fortement sur ce point, de mettre à leur disposition une nourriture et une eau tout-à-fait saines.

Grâce à des soins judicieux, les maladies sont rares dans le poulailler. Cependant, il peut arriver que, malgré toute prudence, la maladie se déclare sans qu'on puisse en découvrir la cause.

Dans ce cas, dès les premiers symptômes, il faut mettre à l'écart les volailles atteintes, reblanchir à la chaux le poulailler et y répandre des substances désinfectantes.

Une des plus fréquentes maladies des poules, c'est la *pépie*, que l'on attribue, à tort ou à raison, à l'absence ou à la mauvaise qualité de l'eau, et qui consiste en une affection du gosier ou de la langue.

Or, tu ne sais pas comment par ici on s'y prend pour guérir cette maladie ? Non, n'est-ce pas ? Eh bien, nos bonnes fermières ne sont pas en peine, elles. Une poule a-t-elle l'air inerte, dégoûtée, aussitôt la ménagère de lui ouvrir le bec. La poule a le bout de la langue cornée, donc elle a la pépie. Vite avec une épingle on lui enlève le bout de la langue. Eh bien ! mon ami, je ne puis m'empêcher de qualifier de barbare ce traitement sommaire.

Et pour preuve, si tu ouvrais le bec de toutes mes poules qui, Dieu merci, se portent à merveille, tu apercevrais au bout de leur langue cet appendice corné qui existe en tout temps — que les poules soient malades ou non.

A vrai dire, on ne connaît pas de remède contre la pépie : l'isolement, une nourriture rafraîchissante, une eau légèrement acidulée peuvent être essayés ; — mais, si au bout de peu de temps on ne voit pas d'amélioration, il n'y a qu'à employer un remède plus énergique que les autres : le couteau.

La *goutte*, autre maladie des volailles, a son siège dans les pattes ; celles-ci se gonflent et deviennent si douloureuses que les poules finissent par ne plus pouvoir marcher. Remède : l'isolement dans un lieu sec et chaud — ou le couteau.

La *diarrhée* provient d'une nourriture trop rafraîchissante ; il est donc utile, après avoir mis à part les poules malades, de leur distribuer des aliments échauffants.

Dans un prochain entretien, je te parlerai du logement des poules ; je te dirai alors un mot des affreux insectes qui l'infestent quand il est mal tenu, et qui causent souvent de si grands ravages dans une basse-cour.

SEPTIÈME ENTRETIEN

LE POULAILLER

Eugène venait d'écrire une lettre à ses parents pour leur annoncer son prochain retour à la maison paternelle.

Quand il eut terminé l'adresse, M. Éraud lui proposa un tour de promenade.

Septembre touchait à sa fin, la chaleur n'était plus accablante ; cependant le beau temps qu'il faisait depuis plusieurs semaines avait permis aux laboureurs de couper leur blé noir et de commencer à le battre.

Quelques cultivateurs même, plus avancés que les autres, s'apprêtaient à donner un premier labour aux terres destinées, à recevoir, dans le courant de novembre, la semence du froment.

Nos deux amis cheminaient lentement par les *viettes*, devisant comme d'habitude. Après avoir suivi pendant quelque temps un sentier bordé de hauts châtaigniers, ils débouchèrent à un vaste champ que deux charrues, tirées par de vigoureux bœufs, sillonnaient d'un bout à l'autre.

Eugène s'arrêta, les yeux fixés sur un objet

qui devait être bien curieux, à en juger par l'attention avec laquelle notre jeune homme avait l'air de l'observer.

— Qu'est-ce que c'est que cette petite maison en bois montée sur des roues ? s'écria-t-il tout-à-coup. J'y vois un trou qui doit servir de porte, car une petite échelle y donne accès ; mais ce trou est bien trop étroit pour qu'un homme puisse y passer. Ce n'est pas une cabane destinée aux laboureurs qui travaillent là ? Quel peut donc en être l'usage ?

Tiens, voici un coq qui y pénètre. Oh ! oh ! quelle bande de poules dans ce champ. Comme elles ont l'air occupées à gratter la terre fraîchement labourée ; elles ne doivent guère être récompensées de leur peine ! Mais c'est amusant tout de même de voir avec quelle prestesse elles font voler autour d'elles la terre qui vient d'être remuée par la charrue.

— Ah ! jeune homme, tu crois que toutes ces bêtes travaillent inutilement. Eh bien ! tu te trompes joliment, car elles vont au contraire se garnir abondamment l'estomac de vers blancs, de larves et autres insectes malfaisants qui pullulent dans la terre.

Il a eu une fière idée, le père Thomas, de construire la cabane que tu vois là-bas et que tu as prise pour une maison.

Une partie de ses poules ont été amenées ici avec cette cabane, qu'on appelle un *poulailler roulant*. Tant que vont durer les travaux de labour, ces poules-là vont être transportées d'un champ à l'autre.

Le père Thomas comprend bien ses intérêts, car voici des volailles qui, pendant quelque temps, ne vont rien lui coûter, et qui, avantage autrement précieux, vont débarrasser ses terres d'un grand nombre d'êtres nuisibles aux plantes.

Le soir, on renferme les poules dans le poulailler roulant pour les mettre à l'abri des belettes, des fouines, des renards et autres ennemis de la gent emplumée.

A l'intérieur de la cabane, il y a des perchoirs où les poules se juchent et des nids où elles peuvent pondre.

Tous nos grands fermiers devraient être pourvus, comme Thomas, d'un poulailler portatif, tant au point de vue de l'économie qu'au point de vue de la préservation des récoltes.

A propos du père Thomas, allons jusque chez lui, tu pourras y examiner un poulailler modèle.

Le propriétaire de ce bon fermier est un homme intelligent, instruit, et qui a su faire sortir ceux qui cultivent ses terres de la routine dans laquelle se meuvent la plupart de nos paysans.

Il a fait construire des logements simples, mais solides, salubres et bien disposés pour tous les habitants de sa ferme. Tu les verras tout à l'heure.

Les volailles y ont leur logis comme les bœufs et les chevaux ; car tout y est aménagé avec une attention qui dénote chez le propriétaire une étude approfondie des choses de l'agriculture et en particulier de l'élevage des animaux.

Lorsque le parrain et le filleul furent arrivés, M. Éraud fit connaître à la mère Thomas le but de leur visite.

Avec un empressement digne de meilleures jambes, la bonne fermière, laissant là son rouet et sa filasse, se mit à la disposition de nos deux amis.

Il n'est pas besoin de dire qu'en passant devant l'étable, la mère Thomas offrit à notre jeune héros un bol de lait doux, qui fut agréablement accepté.

Comme ce petit livre est spécialement destiné à l'étude de la basse-cour et de ses habitants, nous négligeons de rapporter tout ce que M. Éraud apprit à son filleul au sujet des gros animaux de la ferme, et nous lui conser-

3*

vons, comme toujours, la parole, lorsqu'il s'agit de nos intéressants volatiles :

— Vois-tu, mon ami, dit-il à Eugène en traversant la cour, comme ici tout est bien compris.

Voici le poulailler ; il est exposé au levant ; on a eu raison de choisir cette exposition, c'est la meilleure : celle au midi est trop chaude en été ; celle au nord, trop froide en hiver, et enfin celle de l'ouest, trop humide en toute saison.

Les volailles qui habitent ici ne sortent point de la cour de la ferme. Les cultivateurs devraient comprendre que la volaille qui court les champs coûte souvent plus, à cause des dégâts qu'elle commet, qu'elle ne rapporte ; qu'une partie des œufs pondus çà et là sont souvent perdus ; tandis que si on l'empêche de sortir, elle s'approprie la plupart des détritus qui ne seraient bons que pour le fumier.

— Mais, reprit Eugène, si les poules restent enfermées dans la cour, elles ne peuvent avoir à leur disposition la verdure que vous m'avez dit leur être si nécessaire.

— Et qu'on doit leur fournir absolument, t'ai-je dit, je pense, si elles n'en ont pas à leur portée. D'ailleurs, dans une ferme, ne se perd-il pas toujours quelques feuilles de choux,

quelques brins de fourrage, et puis ces effron-
tées de poules ne se permettent-elles pas
d'entrer sans permission dans le logis des
bêtes à cornes, où il y a toujours de la verdure ?

Au reste, regarde ce trou pratiqué dans le
mur du poulailler, il communique avec un pré
bien enclos, situé derrière, où l'on permet aux
poules de paître une ou deux heures par jour.

Tout en causant, nos deux amis entrent sans
bruit dans le poulailler, de peur d'effaroucher
les poules qui peuvent être à pondre.

C'est une construction toute simple, en
maçonnerie légère. La porte, comme il a été
dit, est exposée à l'est. Deux ouvertures pra-
tiquées dans les pignons du modeste bâtiment,
permettent à l'air de s'y renouveler facilement. Ces ouvertures sont garnies d'un gril-
lage en fil de fer, pour empêcher les bêtes
malfaisantes de pénétrer dans le local, et
sont munies de volets qu'on ferme par les
temps froids.

A l'intérieur, d'un côté se trouvent des perchoirs mobiles, disposés parallèlement ; de
l'autre, des nids accrochés à la même hauteur
que les perchoirs. Dans un coin, on voit une
brassée de paille pour les poules qui ne
peuvent ou qui ne veulent se jucher.

— Dans plusieurs endroits où je suis allé, dit Eugène, j'ai remarqué que les perchoirs ne sont point disposés comme ceux-ci, ils sont étagés à diverses hauteurs au lieu d'être tous à la même élévation comme ici.

— Si tu avais fait attention plus tôt, répondit M. Eraud, tu aurais vu que la disposition des perchoirs de mon poulailler est la même qu'ici, et cet arrangement est, sans contredit, le plus convenable. Les volailles cherchent toujours à se percher sur le plus haut échelon. Quand le soir arrive, elles se disputent à qui occupera la plus haute place. — Elles font alors des chutes quelquefois dangereuses, ou, ce qui est certain, elles souillent leur plumage en tombant dans les déjections qui se trouvent au-dessous des perchoirs. — C'est un peu l'image des sots ambitieux qui, ne pouvant se maintenir au poste élevé qu'ils convoitaient, tombent tôt ou tard blessés ou *salis*.

Eugène vient d'apercevoir, dans un autre coin, une large caisse contenant de la cendre, et un vase rempli de morceaux de craie.

— J'ai bien remarqué que dans votre poulailler, il y a aussi de la cendre et de la craie, mais il ne m'était pas venu à l'idée de vous demander pourquoi ces deux matières s'y trouvent, car je ne vois pas du tout de quelle utilité la cendre et la craie peuvent être pour les poules.

— Elles leur sont plus nécessaires que tu ne te l'imagines. Les poules aiment à se rouler dans la poussière. Ce n'est pas par pur amusement qu'elles se livrent à cet exercice si cher aux gamins de ton âge, c'est surtout par besoin.

Des insectes, des sortes de poux, s'acharnent sur elles, comme les vilaines petites bêtes qui grouillent sur la tête des enfants malpropres. Mais si ceux-ci refusent de se peigner, les poules, au contraire, ne demandent qu'à se débarrasser des parasites qui les attaquent. C'est pourquoi elles se roulent ; et, comme ici ou chez nous il n'y a point de poussière, vu que la terre de l'enclos a été fortement battue pour être plus facilement balayable, on a mis à leur disposition cette cendre dans laquelle elles se tournent de tous les côtés.

Quant à la craie, si tu te souviens que la coquille de l'œuf est composée en grande partie de chaux, tu comprendras aisément pourquoi on en place dans le poulailler. La craie, étant calcaire, fournit aux poules la chaux qui leur est nécessaire pour la formation de cette coque.

Tous ces petits soins qui, au premier abord,

paraissent insignifiants, ont cependant leur raison d'être, et je suis heureux quand je peux rencontrer un cultivateur aussi intelligent que le père Thomas.

Aussi les bonnes affaires dans cette maison vont-elles leur train. Le père et la mère Thomas, m'a-t-on dit, sont arrivés ici il y a quelque trente ans, sans sou ni maille. Ils ont eu la chance de trouver en leur propriétaire un homme obligeant et instruit, qui les a aidés de ses conseils et de son argent. En homme avisé, Thomas a su écouter plus expérimenté que lui, et aujourd'hui les meilleurs champs, les plus belles bêtes, et aussi de nombreuses pièces de cent sous sont entre ses mains.

Regarde ces murs, comme ils sont bien enduits : tu n'y vois ni trous ni fissures. Dans les poulaillers mal construits et surtout mal entretenus, les mites, ces affreux insectes dont je te parlais dans notre dernier entretien, pullulent dans les fissures des murailles, dans les jointures des perchoirs, dans la paille des nids, et exercent des ravages considérables.

Mais si, comme ici, nulle place favorable ne leur est réservée, si de temps en temps tout est lavé à la chaux, si les moindres crevasses sont bouchées, si la paille des pondoirs ou celle qu'on laisse dans un coin pour le coucher des volailles est souvent renouvelée, les mites ne s'y multiplient pas.

Dans une basse-cour bien tenue, le poulailler est nettoyé à fond au moins deux fois par semaine ; et, chaque jour, l'enclos est balayé, soit avant le lever ou après le coucher du soleil.

— Comme je vous ai vu amasser dans un endroit sec, les excréments de vos poules, j'ai supposé que vous vouliez vous en servir comme engrais.

— Ta pensée était juste, mon ami. La fiente des oiseaux, qu'on appelle *colombine*, employée, à l'état sec, comme engrais, exerce sur les plantes une action presque égale à celle du guano qui est un engrais provenant des déjections d'oiseaux de mer, et dont on exploite des amas considérables dans les îles qui avoisinent le Pérou.

Le guano coûte très cher et il est souvent falsifié : tandis que tout cultivateur peut se procurer la colombine pure, sans autre peine que celle de la recueillir

Comme M. Eraud et Eugène sortaient du poulailler, le père Thomas arrivait des champs.

— Bonjour, messieurs. Enchanté de vous voir chez nous, Monsieur Eraud.

— Bonjour, père Thomas, je me suis permis d'amener ici ce jeune garçon, qui a une manie très prononcée pour les volailles, parce que je tenais à lui montrer la disposition de votre poulailler. Vous avez de jolies poules, Thomas, je vous en fais mon sincère compliment.

— Oui, elles sont belles, sans doute, mais il ne m'appartient pas d'accepter vos félicitations, Monsieur Eraud ; c'est à la ménagère qu'elles reviennent de droit. Moi, je ne m'occupe guère que de mon gros bétail ; si vous voulez le voir, vous m'en donnerez après des nouvelles.

— Merci, père Thomas, il commence à se faire tard, et nous tenons à rentrer avant la nuit. D'ailleurs en arrivant, nous avons jeté un coup d'œil dans vos écuries, et je sais depuis longtemps que vous êtes un éleveur hors ligne.

— Vous me flattez trop, Monsieur Eraud, répondit Thomas avec un petit air d'amour-propre satisfait ; car pour tout dire, le principal honneur en revient à mon excellent maître.

« Thomas, m'a-t-il dit, lorsque je suis entré sur sa ferme, je viens de faire construire des logements spacieux et salubres ; les animaux que tu élèveras y auront de l'air et de la lumière, mais cela ne suffit pas. Si tu veux les voir profiter, il faudra ne pas leur épargner les soins d'une propreté excessive, ainsi qu'une nourriture abondante et substantielle. Il m'a fait bien d'autres recommandations que je ne puis énumérer ici, ce serait trop long. Eh bien, Monsieur, j'ai tout écouté attentivement, j'ai suivi scrupuleusement les conseils de mon bon maître, et je n'ai pas tardé à m'en bien trouver.

— Je le crois sans peine, Thomas, reprit M. Eraud ; c'est aussi ma conviction que pour réussir dans l'élevage des animaux petits ou grands, il faut savoir suivre les règles conformes à celles que votre propriétaire vous a données. Tous les fermiers n'ont pas la chance de posséder un maître si expérimenté, mais tous aujourd'hui ont à leur disposition les livres si nombreux qui s'occupent des questions agricoles, et qui n'épargnent pas les conseils dictés par la science et l'expérience.

A eux de les lire et de profiter de ce qu'ils liront.

Eugène a grandi depuis que les poulets gras promis et envoyés par l'aimable M. Eraud, ont été préparés avec un art consommé par la mère d'Eugène, experte en l'art culinaire.

Aujourd'hui notre jeune ami, suivant l'intention émise par lui autrefois, achève ses études à l'Ecole Normale d'Instituteurs de X...

Il s'y fait remarquer par son application et sa conduite irréprochable. Il y a en lui l'étoffe d'un bon maitre de l'enfance.

Son goût pour l'histoire naturelle n'a fait qu'augmenter avec les années. Toutefois son ancienne manie à l'égard des volailles s'est transformée en un sentiment plus raisonnable.

Cependant il faut que tu saches, ami lecteur, que, classé parmi les meilleurs élèves de son cours, Eugène partage avec quelques-uns de ses condisciples toute la confiance du Directeur de l'Ecole. Il est, comme eux, à la tête d'un des divers petits services organisés dans l'Etablissement.

Tu ne seras pas étonné, si je t'annonce qu'il a la surveillance spéciale de la basse-cour.

Depuis qu'il est chargé de ces fonctions tout-à-fait conformes à ses anciennes inclinations, tout le personnel de l'Ecole a pu remarquer les progrès accomplis par les oiseaux dont il a le soin. « C'est une fortune pour nous tous, disait un jour le Directeur, de posséder un tel pourvoyeur d'œufs et de volailles. »

TABLE

Nantes. G. GUCHET, Libraire-Editeur, rue de Strasbourg, 26.